ANIMAUX RADIAIRES

DES ANTILLES,

PAR

P. DUCHASSAING, D. M.

PARIS

TYPOGRAPHIE PLON FRÈRES,

RUE DE VAUGIRARD, 36.

1850

ANIMAUX RADIAIRES

DES ANTILLES.

Spongia Isidis (Duchass)
diminuée d'un tiers

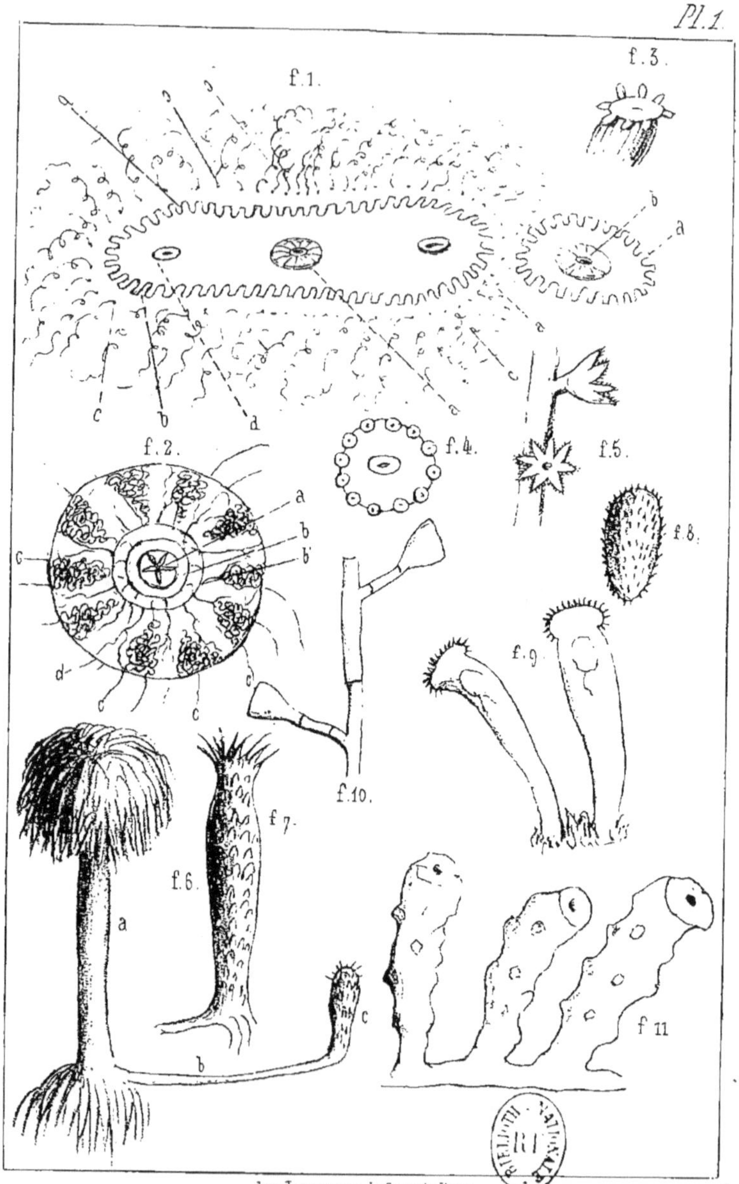

ANIMAUX RADIAIRES

DES ANTILLES,

PAR

P. DUCHASSAING, D. M.

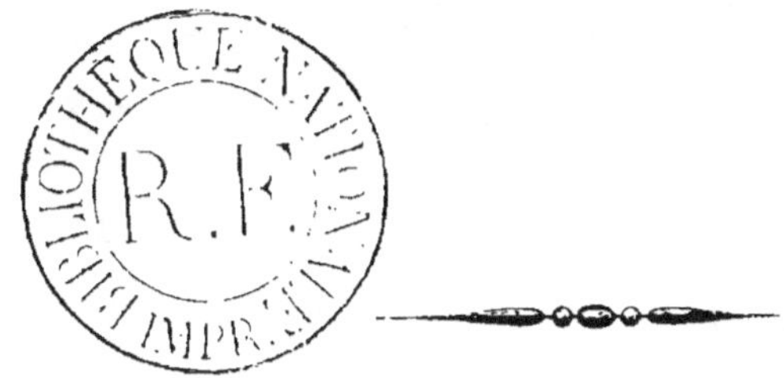

PARIS

TYPOGRAPHIE PLON FRÈRES,

RUE DE VAUGIRARD, 36.

1850

ANIMAUX RADIAIRES

DES ANTILLES.

Genus SYNAPTA. Eschscholtz. — *Synapta hydriformis.* — *Holothuria hydriformis.* Lesueur.

Genus CLYPEASTER. Desm.

Clypeaster rosaceus. Desm. — *Encycl.*, pl. 131, f. 2, et 144, f. 7-8. *Seba*, t. 3, pl. 2, f. 2-3.

Vivant dans la mer, se trouve aussi fossile dans les tufs tertiaires de la Guadeloupe.

Clypeaster reticulus. Desm. *Seba*, t. 3, pl. 15, f. 35, et figura numero carens.

Fossile du tuf blanc de la Guadeloupe.

Clypeaster pulchrior. Duchass.

Orbiculatus, depressissimus, superficie granulis majoribus, remotis eleganter granulatâ.

In insulâ dictâ St-Martin. Se trouve fossile. Cette espèce appartient au genre Laganum de M. Agassiz.

Genus SCUTELLA.

Scutella sexforis. Lamk. — *Mellita hexapora.* Agass. *Encycl.*, pl. 149, f. 1-2.

Scutella Lesuerii. — *Laganum Lesuerii.* Agass.

Scutella Desmoulinii. Duchass.

Latissima, plana, postice truncata : fissuræ tres unà in parte posticâ e margine remotâ, duabus aliis submarginalibus.

Cette espèce n'est perforée que de trois trous, elle est fossile du tuf blanc.

— 2 —

Genus ECHINOMETRA. Desm.

Echinometra lucunter. Lk. Desm , p. 260. *Encycl.*, pl. 134, f. 3-4. Klein, pl. 2, f. D. E. G.-H. ?

Echinometra lobatus. Blv. *Seba*, t. 3, pl. 11, f. a b. Desm., p. 262.

Genus ECHINUS. Desm.

Echinus ventricosus. Lk., n° 2. *Encycl.*, pl. 132, f. 2, 3. Desm., p. 286. — *Echinus Blainvillii.* Desm. — *Echinus excavatus.* De Blv. — *Echinus variegatus.* Var. 2. Lamk.

Genus DIADEMA.

Diadema turcarum. Desm., p. 308. — *Cidaris diadema.* Lk. — *Encycl.*, pl. 133, f. 10. C. D.

Les auteurs n'ont pas cité cette espèce comme propre aux Antilles.

Genus CIDARITES. Desm.

Cidarites metullaria. Lk. — *Seba Mus*, 3, t. 13, f. 11. — Desm., p. 324.

Genus ECHINONEUS. Desm.

Echinoneus semilunaris. Desm. — *Encycl.*, t. 153, f. 21, 22.

Genus NUCLEOLITES. Desm.

Nucleolites Richardi. Desm. — *Cassidulus Caraibeorum.* Lk. — *Encycl.,* pl. 143, f. 8-10.

Fossile des terrains tertiaires de la Guadeloupe.

Genus SPATANGUS.

Spatangus columbaris. Lk. — Desm., p. 384. —
Encycl., t. 158, pl. 9-10.

Vivant et fossile.

Spatangus maculosus. Blv. — Desm., p. 382.

Spatangus ventricosus. Lk. — *Encycl.*, pl. 158,
f. 7-8.

DES ÉCHINODERMES A RAYONS.

Nous avons disséqué plusieurs fois des Ophiures, et nous
nous sommes convaincu que chez eux les sexes étaient séparés ; en effet, toutes les fois que nous n'avons pas trouvé des
ovaires tels que ceux que nous décrirons, nous avons rencon-
tré à leur place des poches au nombre de dix, qui, disposées
comme les ovaires, savoir : deux pour chaque bras, étaient
gonflées par un liquide lactescent. Ces poches n'étaient pas simples mais consistaient en cœcums rameux.

A gauche et à droite de la base de chaque bras, les Ophiures
femelles possèdent un ovaire, ce qui leur en fait dix, chacun
de ces organes est composé d'un cœcum rameux qui renferme
une grande quantité d'œufs. Ces derniers sont composés d'un
vitellus abondant, enveloppé dans une membrane propre, et
ce vitellus lui-même est formé par la réunion d'un grand nombre de globules sphériques. Chacun des ovaires ressemble à
une petite framboise tant pour l'inégalité de la surface que
pour la couleur.

Autour de la bouche des Ophiures nous avons trouvé trois
vaisseaux circulaires et concentriques qui s'anastomosaient
fréquemment ; de chacun de ces cercles circulatoires partaient
des ramifications innombrables qui vont couvrir les ovaires
ou les testicules et les autres parties antérieures.

Nous n'avons observé chez les Ophiures aucune trace de
système nerveux.

1.

Quant aux Encrines, voici ce que nous avons pu voir sur une espèce déjà fort altérée : la bouche est médiane et est composée de cinq lèvres armées de dents spiniformes ; de cette bouche part le canal intestinal qui se renfle dans la cavité du corps de l'Encrine et vient se terminer à un anus saillant de trois lignes à peu de distance de la bouche. Nous n'avons pas pu voir les ovaires. L'animal a la facilité de contourner sa tige en spirale, ainsi que nous l'avons vu sur l'un des individus qui nous furent remis. Ces observations ont été faites sur le Pentacrinites caput medusæ.

Genus OREASTER. Mull. Trosch.

OREASTER RETICULUS. Mull. Trosch., f. 3. — *Asterias reticulata*. Lk. — *Seba m*. 3, t. 8, f. 1.

Genus ASTROPECTEN. Mull. Trosch.

ASTROPECTEN PLATYACANTHUS. Mull. Trosch.

Genus ASTERICUS. Mull. Trosch.

ASTERICUS PENTAGONUS. Mull. Trosch. — *Seba mus.*, 3, t. 5, f. 13-15.

Genus SCYTASTER. Mull. Trosch.

SCYTASTER STELLA. Duchass.

Sc. radiis 5-6 teretibus, elongatis, tessellis graniformibus granulatisque ; poris multis inter tessella. Discus brevis tessellatus, radii disco 5-7 longiores.

Cette espèce possède deux asters excentriques.

Genus OPHIODERMA. Mull. Trosch.

OPHIODERMA VARIEGATA. Duchass.

O. disco orbiculari, granulato, brachiis brevibus crassis, disco triplo longioribus ; spinis brevibus adpressis 7-9 fariis.

OPHIODERMA SAXATILIS. Duchass.

O. disco ocellis parvis decem ornato, radiis disco 3 vel 4 longioribus, spinis brevibus 6-7 fariis, squammis in dorso brachiorum 2-3 fariis.

GENUS OPHIOLEPIS. MULL. TROSCH.

OPHIOLEPIS ANNULOSA. Mull. Trosch. — *Ophiura annulosa.* Blv. *Man. act.*, t. 24.

OPHIOLEPIS TRISQUAMMOSA. Duchass.

O. disco orbiculari, spatiis interbrachialibus squammas tres magnas et squammas alias minutas, tuberculiformes gerentibus, spinæ tenues breves, radii graciles mediocres.

OPHIOLEPIS VICINA. Duchass.

Disco pentagono, squammis duabus majoribus ad basim cujusque radii, squammis aliis parvis imbricatis in cæterâ parte disci, medio tamen spatiorum interbrachialium squammis destituto; radiis longiusculis, gracilibus, spinis brevibus.

OPHIOLEPIS ALBIDA. Duchass.

Disco orbiculari, squammoso, brachiis fragilissimis, gracilibus, longis, spinis brevibus adpressis duplici serie digestis. Color argenteus.

OPHIOLEPIS TANCREDI. Duchass.

O. disco orbiculato, in margine squammis articulatis ornato, in aliis partibus nudo. Spinæ breves, adpressæ.

GENUS OPHIOCOMA. MULL. TROSCH.

OPHIOCOMA SCOLOPENDRINA. Mull. Trosch. —*Ophiura scolopendrina.* Lk.

OPHIOCOMA SERPENTARIA. Mull. Trosch. — *Ophiura echinata.* Lk.

OPHIOCOMA CRASSISPINA. Mull. Trosch. — *Ophiura crassispina.* Sag. — *Journ. phil.*

OPHIOCOMA PUNCTATA. Duchass.

O. disco pentagono, granulis elevatis distantibusque adsperso, spinis tenuibus. Discus decemlineatus.

An vere Ophiocoma?

GENUS OPHIARACHNA. MULL. TROSCH.

OPHIARACHNA GORGONIA. Mull. Trosch.

GENUS OPHIOTRIX. MULL. TROSCH.

OPHIOTRIX FRAGILIS. Mull. Trosch. — *Encycl.*, t. 123, f. 5-6. — *Ophiura fragilis.* Lk.

OPHIOTRIX QUINQUEFISSA. Duchass.

O. disco orbiculari, in peripheriâ quinquefisso, granulis disci in quinis seriebus digestis, spinis mediocribus tenuissime denticulatis.

Species incertæ sedis.

OPHIURA HEXACTINIA. Lamouroux. — *Annales du Muséum.*

GENUS EURYALE. LK.

EURYALE COSTOSUM. Lk. — *Encycl.*, pl. 130, f. 1-2. — *Seba*, t. 9, f. 1.

EURYALE MURICATUM. Lk. — *Encycl.*, pl. 128 et 129.

GENUS TRICHASTER. AGASSIZ.

TRICHASTER ISIDIS. Duchass.

T. dorso decemcostato, granulis in lineolis transversis digestis, brachiis annulis numerosis granulorum ornatis.

In Gorgoniis habitat. In honore cl. Isidis Desbonnes nomen dedi.

Genus PENTACRINITES. Mill.

Pentacrinites caput medusæ. Mill. — *Encrinus caput medusæ.* Lk. — Guettard. *Mém. acad. sc.*, fig. optimæ.

DES ACTINIES, DES CORTICIFÈRES ET DES MAMILLIFÈRES.

L'on connaît déjà assez la texture du corps des Actinies ; l'on y trouve des fibres longitudinales et des fibres annulaires transversales. Quand l'animal se contracte et se met en boule, ce sont les fibres longitudinales qui diminuent son volume en hauteur et les fibres annulaires qui diminuent le diamètre transversal. Quand, au contraire, l'animal s'épanouit, il n'y a action musculaire d'aucune espèce. Pour produire cet effet l'animal fait rentrer l'eau dans son système aquifère et le corps reprend sa turgescence ; c'est pour cela que ces Polypes, une fois qu'ils se sont contractés, ont besoin d'être plongés dans l'eau pour reprendre leur forme. Les tentacules ont des fibres disposées de la même manière que le corps, c'est ce qui leur permet de se contracter à l'infini, mais ils ne peuvent s'épanouir que par l'absorption de l'eau.

Les ovaires des Actinies sont séparés de la cavité viscérale par une membrane mince et diaphane, la même disposition existe chez les Mamillifères et les Corticifères.

Nous ajouterons que dans beaucoup d'espèces on voit manifestement que les tentacules sont perforés, tandis qu'à cet égard on doit se tenir dans le doute pour d'autres.

Enfin, de même que M. de Contarini, nous avons observé la mue ou changement de peau des Actinies.

Ce que nous avons dit de la dilatation et de la contraction de ces animaux doit s'appliquer à presque tous les Polypes ; c'est l'action des muscles longitudinaux et transversaux qui rejette l'eau du corps et ramène celui-ci à son plus petit volume, la rentrée de l'eau seule permet à l'animal de s'allonger et de se grossir de nouveau : ainsi, c'est cette éjaculation de l'eau contenüe dans le système aquifère qui fait qu'une Astrée ou une Caryophyllie peut rentrer dans sa cellule, elle ne peut s'épanouir de nouveau que lorsqu'elle a pu pomper une nouvelle quantité de liquide.

Quant à ce qui est de l'existence du sens du goût, non-seulement chez les Actinies mais encore chez les Corticifères, les Mamillifères et les Polypes lamellifères, nous avons fait l'expérience suivante : Après avoir fait jeûner quelque temps des Corticifères et des Astrées, nous avons déposé sur leur bouche des morceaux de feuilles de plomb, ainsi que de petits morceaux de peinture, au moyen desquels nous espérions obtenir une injection. Les Polypes ont avalé ces corps, les ont gardés environ une demi-heure dans leur estomac, puis les ont rejetés.

Quant aux Zoanthes, aux Corticifères et aux Mamillifères, ils diffèrent surtout des Actinies en ce que les bourgeons qui se produisent à leur surface ne se détachent pas ordinairement et que ceux-ci forment des groupes d'êtres qui participent à une vie commune. Voici comment se fait le développement de ces bourgeons. Un propagule part du corps de l'un de ces Polypes et s'étend plus ou moins loin, puis un renflement se fait à son extrémité, et forme un bourgeon charnu qui est d'abord homogène, mais qui bientôt se creuse d'une cavité centrale qui doit devenir l'estomac.

La bouche qui n'existait pas encore finit par se former par la seule extension de l'estomac, puis les tentacules se développent, puis les ovaires; alors l'animal est complet, mais il tient à l'individu souche par le propagule que nous avons signalé.

La seule différence qui existe entre les Zoanthes d'une part, les Corticifères et les Mamillifères de l'autre, c'est que dans ces derniers le propagule est tellement court que les corps des Polypes qui émanent d'une souche commune se soudent complétement entre eux et avec le Polype, qui a été leur origine.

Quant aux connexions vasculaires qui ont lieu entre les Zoanthes, les Corticifères et les Mamillifères, elles existent seulement à la base du Polypier et sont constituées par ce que nous avons appelé propagule. Il y a donc en cela une grande différence entre ces animaux et les Polypiers lamellifères dont les animaux ne sont en connexion que par la surface du Polypier.

GENUS URTICINA. EHR.

URTICINA CAVERNATA. — *Actinia cavernata*. Bosc.

URTICINA OCHRACEA. Duchass.

U. corpore cylindrico, mediocri, elongato, transverse annuloso, semipollicari, ochraceo, tentaculis mediocribus uniseriatis, annulatis, diametro disci subæqualibus.

URTICINA LESSONII. Duchass.

Corpore crasso, luteo vel virescente, tuberculis parvis, numerosissimis prædito; tentaculis cylindraceis, apice attenuatis, annulatis multiserialibus, diametro disci $1\frac{1}{2}$ longioribus.

URTICINA GLOBULIFERA. Duchass.

U. corpore brevi, sub disciformi, ore prominulo, tentaculis cylindraceis, diametro disci duplo longioribus : vesiculis natatoriis in duas series prope tentaculos.

GENUS HUGHÆA. LAMOUROUX.

HUGHÆA CARAIBEORUM. Duchass.

Corpore cylindrico, parvo, subluteo, hyalino, tentaculis octodecem uniseriatis, subpetaloideis, annulatis, diametro disci æqualibus.

GENUS DISCOSOMA. LEUCK.

DISCOSOMA ANEMONE. — *Actinia anemone*. Lk. — *Encycl.*, pl. 70, f. 5-6.

DISCOSOMA ASTER. — *Encycl.*, pl. 71, f. 3.

Genus ENTACMÆEA.

Entacmæea cricoides. Duchass.

E. corpore cylindrico, tentaculis 10-20 interioribus crassioribus et amplioribus, rubro annulatis cylindraceis : tentaculis exterioribus minoribus, rubro annulatis, cylindraceis, tentaculis interioribus disco paulo longioribus.

Genus ACTINODACTYLUS. Duchass.

Animal formâ aliis actiniis simile : tentaculorum pars cylindracei, simplices, alii vero longiores cylindracei, apice trilobi lobis laciniatis.

Actinodactylus Boscii. Duchass.

A. tentaculis simplicibus disci diametro sub æqualibus , aliis vero duplo longioribus.

Genus CRIBRINA.

Cribrina colorata. Duchass.

C. corpore cylindrico, crasso, rubente : tentaculis numerosis, uniseriatis, mediocribus viridibus : poris in parte superiori corporis. Corpus pollicare; tentaculi graciles disco breviores.

Genus ACTINOPORUS. Duchass.

Animal corpore cylindrico , tentaculis brevissimis lanuginosis totum fere discum occupantibus : oscula in pluribus seriebus digesta.

Actinoporus elegans. Duchass.

Corpore cœrulescente, tentaculis luteo-virescentibus.

Genus ACTINOSTELLA. Duchass.

Animal corpore cylindrico, tentaculis interioribus mediocribus , cylindraceis in serie simplici circa os digestis; exterioribus vero brevibus lanuginosis cæteram disci partem occupantibus. Oscula pluriserialia in parte superiore disci.

Actinostella formosa. Duchass.

A. tentaculis interioribus diametro disci 4 brevioribus.

Genus ZOANTHUS.

Zoanthus sociatus. Lesueur. — *Sol. Ellis*, t. 1, f. 1-2.

Zoanthus tuberculatus. Duchass.
Corporibus crassis, cylindricis, lutescentibus, tuberculis crassis auctis.

Genus CORTICIFERA. Lesueur.

Corticifera glareola. Lesueur. — *Palythoe ocellata* et *Palythoe mamillosa*. Lam. x. *Pol. fl.*, — id. Lam. x. *Exp. meth.*, t. 1, f. 4, 5-6. — *Mamillifera mamillosa*. De Blv. — *Mamillifera ocellata*. De Blv. — *Corticifera glareola*. De Blv.

Genus MAMILLIFERA. Lesueur.

Mamillifera auriculata. Leseur. — Id. De Blv. *Act.*, pl. 50, f. 3.

Mamillifera brevis. Duchass.
M. corporibus cylindraceis, brevissimis, distantibus, e laminâ communi assurgentibus, tentaculis numerosis brevibus.
Polypes de couleur brune, gros, très-courts et très-espacés.

Mamillifera clavata. Duchass.
M. corporibus approximatis, elongatis, clavatis, tentaculis brevibus circiter 30, basi dilatatis apice acuminatis, corporibus spatio interstitiali longioribus.
Dans cette espèce les corps des Polypes sont comparativement bien plus longs que dans la première espèce.

DES POLYPIERS LAMELLIFÈRES.

Nous avons étudié plusieurs fois les Polypes de cette classe, nous les conservions plusieurs jours en les changeant d'eau.

Les Polypes de l'Astrée ananas nous ont offert 30 à 32 corps tentaculaires qui sont transparents et ont pu échapper à Lesueur. L'Astrée pléiade, qui nous avait d'abord semblé privée de tentacules, nous en a fait voir de bien apparents quand nous avons observé ses Polypes au soleil. Chez l'Astrée annulaire où les tentacules sont gros et courts, nous avons pu nous convaincre qu'ils étaient perforés; ici les tentacules, à cause de leur peu de longueur, ne peuvent guères servir à la préhension des aliments. Du reste, nous avons vu que des Polypes ayant des tentacules très-développés, ne s'en servaient pas pour arrêter leur proie, mais les saisissaient avec leur cavité prébuccale qu'ils contractaient. Pour nous donc, il est probable que ces tentacules sont plutôt destinés à l'absorption de l'eau et sont des organes de toucher qui servent à avertir l'animal de la présence ou de l'approche d'une proie; dans certains cas seulement ils aident à saisir la proie. Nous ferons voir que les Méandrines, quoique ayant des tentacules, ont des corps préhenseurs que l'on ne connaissait pas et que leurs tentacules ne sont pas affectés à la capture des insectes dont elles se nourrissent.

Le Madrépore palmé nous a offert huit tentacules, quelquefois dix, mais jamais nous n'en avons trouvé douze, nombre que les auteurs regardent comme constant.

L'Agarice ondée nous a offert des tentacules courts et tellement transparents qu'on ne peut les voir qu'au soleil. Quelquefois il n'y a qu'une couronne de tentacules pour deux bouches, c'est un fait que nous verrons se reproduire chez les Méandrines.

Nous avons trouvé constamment douze tentacules chez les Porites, ils sont gros et courts, et nous ont paru manifestement perforés à leur extrémité.

Les Polypes des Méandrines ont des tentacules nombreux qui sont rangés par couronne autour de chaque bouche : cependant, quelquefois il ne se trouve qu'une couronne de tentacules pour deux bouches. Aussi M. de Blainville accuse-t-il à tort Lesueur de s'être trompé en dessinant deux bouches de Méandrines dans un même cercle de tentacules. Chaque fois qu'un nouveau Polype se forme, il s'entoure d'une couronne de tentacules, puis souvent une et quelquefois même deux autres bouches se forment à côté de la première dans l'enceinte de la couronne tentaculaire (voy. t. f.).

Les Méandrines, ainsi que je l'ai déjà dit, ne saisissent pas leur proie avec leurs tentacules, elles ont pour cela des organes spéciaux jusqu'ici restés inconnus.

Quand l'on dépose une Méandrine dans un vase contenant de l'eau de mer et que l'on fait arriver de petites proies sur les Polypes lorsqu'ils se sont épanouis, l'on voit que ceux-ci font sortir une multitude de cirrhes très-allongés et aussi fins que des cheveux. Ces filaments ou cirrhes préhenseurs sont blancs, ils s'enroulent en tire-bouchon autour de la proie et s'en rendent maîtres, pour permettre à l'une des bouches de l'avaler (voy. t. f.). Ces cirrhes sont disposés en couronne en dehors des tentacules : de même que souvent il n'y a qu'une couronne tentaculaire pour plusieurs bouches, de même les couronnes de cirrhes sont destinées à plusieurs bouches qu'elles comprennent dans leur circonférence.. Nous avons donc ici des animaux où la communauté d'existence est poussée bien loin, puisqu'il n'y a qu'une couronne de tentacules et une de cirrhes préhenseurs pour plusieurs bouches. Les cirrhes sortent du sommet des collines, et dans le polypier sec l'on voit dans cette place, des pores qui doivent servir de retraite aux cirrhes qui disparaissent dès que l'animal est englouti et ne se montrent que lorsqu'il y a une nouvelle proie à saisir. Quant aux tentacules, nous avons vu qu'ils étaient chez ces animaux tout à fait étrangers à la prise de la proie.

Chez les Méandrines comme chez les Astrées et les Caryophyllies, nous avons vu que les œufs étaient disposés dans l'intervalle des lamelles pierreuses. Chez les Astrées et les Caryophyllies, et certainement chez toutes les espèces à étoile circonscrite, il y a un système d'ovaire pour chaque bouche, tandis que chez les Méandrines il n'y en a qu'un pour plusieurs bouches.

Les œufs des Méandrines sont ovoïdes, ils sont composés

d'un vitellus protégé par une membrane extérieure, mince et gélatineuse.

Dans tous les polypiers lamellifères, de même que dans les Zoanthes, Actinies et Palythoës, quand les polypes sont épanouis, il y a entre la bouche et la couronne tentaculaire un espace qui, quand le polype se contracte, se change en une véritable cavité. Celui qui voudra étudier les figures de Polypes données par Lesueur et M. Milne-Edwards, verra facilement comment, par le fait de la contraction de la partie supérieure du polype, cette cavité prébuccale est un organe de préhension ; du reste, nous avons vu souvent les polypes saisir leur nourriture par ce seul moyen.

Genus TURBINOLIA. Michelotti.

Turbinolia plicata. Michelotti, t. 2, f. 2.
Fossile du tuf blanc de la Guadeloupe.

**Turbinolia bilobata. Michelin. — Ic. Zooph.,
pl. 62, f. 1.**
Fossile du même terrain.

**Turbinolia konigii. Mant. Michelotti, p. 68. — Lk.
Nouv. édit.**
Fossile du même terrain.

Turbinolia dentalus. Duchass.
T. cylindrica, prælonga, subarcuata, æqualiter grosseque striata, striis parum numerosis, elevatis; stellâ orbiculari parum profundâ.
Les stries sont au nombre de 30-40.

Turbinolia Deucalionis. Duchass.
T. turbinata, napiformis, basi breviter arcuata, ponderosa, stellâ orbiculari, multi-lamellosâ, vix excavatâ, lamellis inæqualibus, striis longitudinalibus, in parte superiori conspicuis inferne evanescentibus.
Le polypier a en hauteur environ une fois et demie la largeur de son étoile. C'est une espèce très-grosse et très-lourde.

Genus CARYOPHYLLIA, Blv.

Caryophyllia solitaria. Lesueur. — *Mém. mus.*, t. 6, pl. 15. — Lk. Nouv. édit.

Caryophyllia arbusculum. Lesueur. — *Loc. cit.*, pl. 15.

Caryophyllia Berteriana. Duchass.

C. cyathiformis, pedicellata, extus striata, stellâ orbiculari, excavatâ. Lamella 14, majora, marginalia, inter qua 3 minora inæqualia; 14 alia interiora cum exterioribus alternantia, nec marginem nec centrum stella attingentia: centrum excavatum fundo papillis 4 ornato.

Cette espèce a la forme du caryophyllia cyathus, mais elle en diffère par ses lamelles qui sont bien autrement disposées.

Genus LOBOPHYLLIA. Blv. — *Man. act.*

Lobophyllia fastigiata. Blv. — *Sol. Ellis*, tab., 33. — Lam. x. *Exp. méth.*, t. 33. — *Seba mus.*, 3, t. 109, f. 1.

Genus OCULINA. Lk.

Oculina rosea. Lk. — *Esper. supp.*, t. 36.

Oculina diffusa. Lk. — *Oculina varicosa.* — Lesueur. *Loc. cit.*

Genus ASTRÆA. Lk.

Astræa argus. Lk. — *Tubastræa annularis.* Blv. — *Sol. Ellis*, t. 53, f. 1-2. — *Seba*, t. 112, f. 19.

Astræa obliqua. Lk. — *Encycl.*, p. 130.

Astræa detrita. Lk. — *Esper. supp.* 1, t. 42. — *Encycl.*, p. 132.

Astræa galaxea. Lk. — Lam. x. — *Exp. meth.*,

t. 47, f. 7. — *Sol. Ellis*, t. 47, f. 7. — Lesueur. *Loc. cit.*

Astræa ananas. Lk. Lam. x. — *Exp. meth.*, t. 47, f. 6. — *Sol. Ellis*, t. 47, f. 6. — Lesueur. *Loc. cit.*

Astræa intersepta. Lk. — *Encycl.*, p. 127. Non Michelotti. — *Sp. zooph. dil.*

Fossile du tuf blanc de la Guadeloupe.

Astræa dipsacea. Lk. — Id. Lam. x. *Exp. meth.*, t. 50, f. 1. — *Sol. Ellis*, t. 50, f. 1.

Astræa plana. Michelin. — *Ic. zooph.*, pl. 12, f. 7.

Se trouve vivante dans la mer des Antilles.

Astræa profunda. Duchass.

A. stellis profundis, subhexagonis, aliquoties meandriformibus, parietibus elevatis, lævibus.

Les étoiles qui se trouvent au fond de loges profondes à parois lisses, sont petites et allongées.

Astræa corolla. Duchass.

A. cellulis 5-6 gonis, irregularibus, aliquoties elongatis, parietibus parum elevatis, lævibus.

Cette espèce se rapproche de l'Astrée cloturée, mais ses étoiles sont plus grandes et sans axe.

Astræa globum. Duchass.

A. globosa, libera, stellis parvis, superficialibus, 5-6 gonis, lamellis extus incrassatis, parietibus parum elevatis, complanatis, striatis, sulco interstitiali nullo.

Genus MEANDRINA. Lk.

Meandrina cerebriformis. Lk. — *Seba*, t. 112, f. 4, 5-6.

Meandrina pectinata. Lk. — *Sol. Ellis*, t. 48, f. 1.

Meandrina gyrosa. Lk. — *Sol. Ellis*, t. 51, f. 2.

MEANDRINA AREOLATA. Lk. — *Seba*, t. 103, f. 7, et 112, f. 23-27.

MEANDRINA PHRYGIA. Lk. — *Seba*, t. 112, f. 4. — *Sol. Ellis*, t. 48, f. 2.

MEANDRINA CRISPA. Lk. — *Seba*, t. 108, f. 3-5.

MEANDRINA INTERMEDIA. Duchass.

M. stellis parum concavis, vix elongatis, sub astræiformibus, collibus parum elevatis, lamellosis, lamellis parum numerosis.

Species similis M. phrygiæ, lamellis et collibus, sed ab illà toto cœlo differt stellis astræiformibus vix elongatis.

Genus PORITES. Lk.

PORITES CLAVARIA. Lk. — *Sol. Ellis*, t. 47, f. 1-2. — *Porites recta*. Lesueur. *Loc. cit.* — *Porites clavaria*. Lesueur. — *Porites flabelliformis*. Lesueur. — *Porites divaricata*. Lesueur.

PORITES ASTREOIDES. Lk. — Blv. *Man. act.*, pl. 61, f. 5. — *Seba*, t. 3, pl. 112, f. 18.

Genus MADREPORA. Lk.

MADREPORA PALMATA. Lk. — *Seba mus.* 3, t. 113.

MADREPORA PLANTAGINEA. Lk. — *Mad. plantaginea.* — *Encycl.*

MADREPORA CERVICORNIS. Lk. — *Seba mus.* 3, t. 114, f. 1.

Genus AGARICIA. Lk.

AGARICIA UNDATA. Lk. — *Sol. Ellis*, t. 40.

Genus PALMIPORA. Blv.

Palmipora alcicornis. Blv. *Man. act.*, pl. 58. — *Millepora alcicornis.*

Palmipora squarrosa. Blv. *Loct. cit.* — *Millepora squarrosa.* Lk.

Palmipora complanata. Blv. *Loc. cit.* — *Millepora complanata.* Lk. — *Esper.*, vol. 1, t. 18.

Palmipora fasciculata. Duchass. — *Millepora alcicornis.* Var B. Lk. — Id. *Encycl.*

Cette espèce doit être distinguée du Palmipora alcicornis, ses rameaux sont très-courts, très-touffus, et constituent une masse presque inextricable.

Palmipora parasitica. Duchass.

P. Gorgonias incrustans, polymorpha, poris majoribus.

Cette sorte de parasitisme s'observe aussi sur le P. alcicornis : mais dans cette espèce les pores qui forment les cellules des polypes sont bien plus grands.

Palmipora tuberculata. Duchass.

P. lamellis crassis parum elevatis, lobatis mamillosisque composita : pori perparvi.

Genus POLYTHREMA. Risso.

Polythrema miniacea. Risso. — Blv., pl. 69, f. 16, — *Millepora rubra.* Lk.

DES ALCYONIENS.

Genus GORGONIA.

Gorgonia pinnata. Lk. — *Sol. Ellis*, t. 14, f. 3. —Lam. x. *Pol. flex.*

GORGONIA PETECHISANS. Lk. — Lam. x. *Pol. fl.* — *Sol. Ellis,* t. 16.

GORGONIA VERTICILLARIS. Lk. — *Ellis corall.*, t. 26, f. S. T. V. — Marsilli, t. 20, f. 94-96.

GORGONIA FLABELLUM. Lk. — Lam. x. *Pol. fl.* — *Ellis corall.,* t. 26, f. A.

GORGONIA FLAVIDA. Lk. — Lam. x. *Pol. fl.* — *Seba,* t. 107, f. 8, fig. optima.

GORGONIA GALLARDI. Duchass.

G. elata, 3-5 pedalis, ramosissima, rami præcipui crassi, teretes, subdichotomi elongati; ramuli subpinnati, elongati, graciles, attenuati parum ramosi. Axis durus, nigricans, incrassatus, cylindraceus; cortex albicans, tenuis.

Polyporum loculi in ramis præcipuis prominuli rari, distantes, in ramulis vero approximati alterni, prominuli.

GORGONIA MYURA. Lk.

GENUS PTEROGORGIA. EHRBNBERG.

PTEROGORGIA GUADALUPIENSIS. Duchass. et Michelin. — *Revue zool. Soc. Cuvier.* 1846.

P. fixa, ramosa, dichotoma, ramulis compressis latis, simplicibus, extremitatibus rotundatis, poris parallelis in series laterales binas regulatim dispositis; cortice rugosâ, flavâ, axi corneo ad basim crasso, nigro, striato.

Espèce grande et belle; la largeur des rameaux atteint jusqu'à douze millimètres.

PTEROGORGIA ANCEPS. Ehrenberg. *Gorgonia anceps.* Lk. — *Sol. Ellis,* t. 27, f. 9.

GENUS PLEXAURA. LAMOUROUX.

PLEXAURA CRASSA. Lam. x. *Hist. pol. fl.* — *Gorg. multicaulis.* Lamk.

Plexaura heteropora. Lam. x. *Loc. cit.* — *Gorg. heteropora.* Lk.

Plexaura homomalla. Lam. x. — *Gorg. homomalla.* Lk. — *Esper.*, 29.

Plexaura olivacea. Lam. *Pol. fl.*, pl. 16.

Plexaura arbusculum. Duchass.

P. dichotoma, ramis gracilibus, prælongis, poris numerosis, approximatis, cortice deciduo; spiculis ramosis, irregularibus.

L'axe est noir et arrondi.

Plexaura brevis. Duchass.

P. ramis dichotomis, brevibus, crassis, parum. numerosis, sæpe sub horizontalibus, poris mediocribus approximatis.

Cette espèce n'est peut-être qu'une variété de l'hétéropore, dont elle a la structure, mais ses rameaux courts, épais, presque en forme de main, tendent à prendre une disposition horizontale.

Genus EUNYCEA. Lam .x. — *Pol. fl.*

Eunycea clavaria. Lam. x. — *Gorg. clavaria.* Lk. Nouv. édit.

Eunycea muricata. Lam. x. *Pol. fl.* et *Muricea spicifera.* — Id. *Exp. meth.*, pl. 71, f. 12. — Blv. *Man. act.*, pl. 88, f. 1. — *Gorg. muricata.* Lk.

Eunycea Mammosa. Lam. x. *Pol. fl.*, pl. 17. — Id. Lam. x. *Exp. meth.*, pl. 70, f. 3. — Blv. *Loc. cit.*, pl. 87, f. 4.

Genus SOLANDERIA. Duchass. et Michelin.
— *Revue zoologique,* 1846.

Polyparium fixum, ramis continuis, divisis, anastomosantibus; axe spongioso, continuo, calcareo.

Ce genre rappelle beaucoup les Mélitées, puisqu'il présente sur toute son étendue une texture spongieuse, comme la partie des Mélitées qui se trouve entre les articulations cornées.

Solanderia gracilis. Duchass. et Michelin. — *Loc. cit.*

S. fixa, subflexilis, ramosissima, flabelliformis, ramis ramulisque sub rotundis, striatis, spongiosis, fusco-purpureis.

Genus LOBULARIA.

Lobularia æquinoctialis. Duchass.

L. dichotoma, vix ramosa, ramis teretibus, elongatis, crassitiem digiti æquantibus, poris magnis, distantibus, parte inferiore polyparii imperforatâ, spiculis asperis.

La couleur du polypier est rosée, ce n'est peut-être qu'une variété de l'Alcyonium roseum de Lk.

Lobularia capitata. Duchass.

L. fixa, rosea, simplex, capitata ad basim incrustans, cellulis magnis, depressis, subcontiguis, spiculis exasperatis.

Genus SYMPODIUM. Ehrenberg.

Sympodium roseum. Ehrenberg.

LES SERTULARIENS.

Genus TUBULARIA. Lk.

Tubularia Ehrenbergii. Duchass. — *Eudendrium* Ehrenberg.

T. parva, parce ramosa, tubis membranaceis nec annulatis, nec rugosis : tentaculis numerosis, simplicibus, uno circulo digestis, os exsertum.

Tubularia Lamourouxii. Duchass.

T. simplex, tubulis pluribus basi aggregatis, parvis incurvatis, dentaliformibus, annulatis, annulis confertis.

Tubularia glandulosa. Duchass.

T. parva, capillacea, simplex, tubulis simplicibus, non annulatis,

membranaceis; tentaculis 12 mediocribus, apice vesiculosis, os exsertum.

TUBULARIA PINNATA. Duchass.

T. ramosa, e basi radiculas proliferas emittens, pinnata, pinnis
uno latere celluliferis, stirpibus, ramis, ramulisque ubi dividuntur
annulatis; cellulis prominulis, continuis, tubulosis.

Polypus ruber, ore longe exserto; in mare Caraibeo et in mare
Pacifico prope Panama.

GENUS AGLAOPHENIA. LAM. x.

AGLAOPHENIA ACINARIA. Duchass.

A. surculis repentibus, stirpibus, erectis, pollicaribus, alterne ramosis : cellulis dentatis, basi spinâ auctis, ovaris annuliter spinosis.
Sur le Fucus acinarius.

AGLAOPHENIA ATLANTICA. Duchass.

A. erecta, ramosa, majuscula, ramis præcipuis sparsis, tertiariis
in pinnulas digestis : cellulis ore nudo, truncato ad basim spinâ illis
æquali auctis.

Ce sont les rameaux de la troisième génération qui portent les
cellules.

GENUS DYNAMENA. LAM. x.

DYNAMENA OSTREARUM. Duchass.

D. erecta, basi surculosa, stirpibus flexuosis, pinnatis, pinnis celluliferis. Cellulis erectis, oppositis, cylindricis, ore bilabiato.

DYNAMENA DISTICHA. Lam. x. — *Sertul. distique.*
Bosc., t. 29, f. 2.

GENUS CLYTIA. LAM. x.

CLYTIA VOLUBILIS. Lam. x. *Pol. fl.*

GENUS LAOMEDEA. LAM. x.

LAOMEDEA ANTIPATHES. Lam. *Pol. fl.*, t. 6, f. 1.
A. B.

Genus ZELLERIA. Duchass.

Polyparium caule volubili, filiformi : cellulis campanulatis, pedicellatis, pedicellis non contortis, sed biarticulatis.
Locus inter Clytiam et Laomedeam.

Zelleria simplex. Duchass.

Z. cellulis alternis, campanulatis, pedicellis cellulâ vix longioribus.

LES BRYOZOAIRES.

Genus BICELLARIA. Blv.

Bicellaria repens. Blv. — *Ellis corall.*, t. 20, n° 3.
F. B. B.
Habite l'Océan des Antilles et la mer Pacifique à Panama.

Bicellaria setifera. Duchass.
Cellulis pilo longo, scabrido armatis.

Genus FLUSTRA.

Flustra mercatorum. Duchass.
F. membranacea, incrustans, cellulis hexagonis, ad latera sexspinosis; ore transverse lineari.
Les cellules sont hexagonales. Chaque angle de l'hexagone a une épine.

Flustra depressa. Moll., pl. 4, f. 21. —Id. Lam. x.
Pol. fl.
Flustra cucullata. Duchass.
Fl. incrustans, pellucida, membranaceo-lapidescens cellulis marginatis, fornicatis, punctatis, depressis ore irregulari labio clauso.

Flustra unipilosa. Duchass.
F. cellulis hexagonis depressis, alternis, lævibus, ore semilunari, unipiloso operculo lævi.

Genus LUNULITES. Lk.

Lunulites radiata. Lk. — Id. Blv. *Mau. act.*
Fossile du tuf blanc de la Guadeloupe.

Genus CELLEPORA. Lk.

Cellepora ostracea. Duchass.
C. incrustans, expansa, cellulis alternis, ovatis tenuissime punctatis, ore rotundato minimo.

Cellepora Labiata. Lam. x. *Pol. fl.*, pl. 1, f. 3. A. B. — Id. Lam. x. *Exp. meth.*, pl. 64, f. 6-9.

Cellepora incrassata. Lk. — Marsilli, t. 32, f. 150-151.

Genus ESCHARINA. Milne Edwards.

Escharina lucida. Duchass.
E. cellullis ovatis, oppositis, lucido-punctatis, apice incurvis, ore rotundato.

Escharina punctata. Duchass.
E. cellulis elongatis, subcylindraceis, punctato-impressis, ore rotundato.

Genus ORBULITES. Lk.

Orbulites marginalis. Lk. — Lam. x. — *Exp. meth.* — Blv. *Man. act.*
Se trouve attaché aux Corallines.

Genus VORTICELLA. Lk.

Vorticella cheroti. Duchass.
V. composita, fixa, contractilis, stirpe laxe ramosà, polypis breviter pedunculatis, distichè oppositis, oviferis, utrinque uniciliatis.

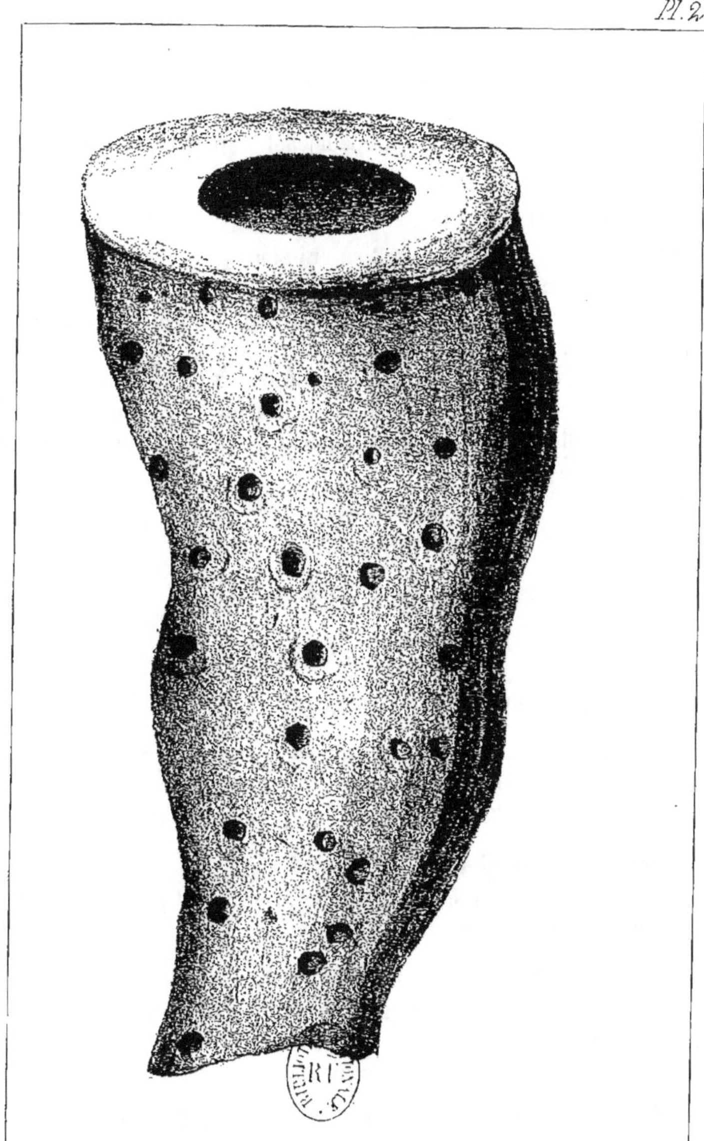

Imp Lemercier, r de Seine 9 - Paris

Genus ORIBASIA. Duchass.

Polyparium ovoideum, gelatinosum, liberum, vagans circa axim rotatorium, polypis retractibus adopertum.

Polypi oculati, retractiles, subpedicellati; apertura terminalis crateriformis, ciliorum rotantium coronâ instructâ.

Oribasia stagnalis. Duchass.

O. pellucida, extremitate anticâ crassiore.

In aquis dulcibus dormientibus.

Ce polypier est constamment libre, il a la forme d'un œuf, sa grosseur est celle d'un grain de moutarde : il est très-remarquable en ce qu'il progresse par deux sortes de mouvements, il s'avance en tournant sur son grand axe, et de plus il a un autre mouvement de translation directe dans lequel la partie la plus grosse de l'ovoïde est constamment en avant.

***

LES SPONGIAIRES.

Genus SPONGIA. Lk.

Spongia napiformis. Duchass.

S. radice napiformi, ramis vix divisis, panneis, nigris, erectis, rigidis, teretibus, crustâ lævi indutis.

Les fractures de l'encroûtement font paraître les rameaux annelés.

Spongia sertularia. Duchass.

S. fibris nudis, laxissimis, tenuibus, ramescentibus et anastomosantibus formata, fibris apice dichotomis.

Spongia conjuncta. Duchass.

S. rigida, hispida, subechinata, ramis cylindraceis, tortuosis, mediocri magnitudine, anastomosantibus.

Rouge à l'état frais; sans encroûtement.

Spongia arborescens. Lk. — *Seba*, t. 96, f. 2.

Spongia manus. Blv. — *Man. act.* — Guérin. *Icon. règn. an.*, pl. 24, f. 10.

Spongia bursaria. Lk. — Lam. x. *Pol. fl.*

Spongia pannea. Lk. — *Esp. supp.*, t. 55.

Spongia carbonaria. Lk. — Lamx. *Pol. fl.*

Spongia subtriangularis. Duchass.

S. rigida, parce ramosa, ramis compresso-trigonis, superficie sub-incrustatâ, porosâ, osculis in angulis ramorum digestis.

Spongia asparagus. Lk.

Spongia bullata. Lk. — Lamx. *Pol. fl.*

Spongia fistularis. Lk. — *Seba*, t. 95, f. 1.
Longueur 2 pieds.

Spongia isidis. Duchass., tab. 2.

Sp. rigida, simplex, clavata, tubulosa, extus osculata et incrustata ; fibris intus nudis, parietibus crassis, osculis magnis inordinatis, ovatis, distantibus, obliquis.

Cette espèce a un pied de haut, elle est très-épaisse et semble du carton ; ses oscules n'atteignent pas la paroi interne. Espèce fort rare donnée par M. le docteur Isis Desbonnes.

Spongia plicifera. Lk.

Spongia dactyloides. Quoy et Gaym., pl. 94, f. 1.

Spongia complanata. Duchass.

S. erecta, rigida, utroque latere plana, fibris subnudis ; lateribus rimis elongatis notatis ; marginibus osculatis, puncta osculiformia minora inter oscula.

Spongia subcircularis. Duchass.

S. pateriformis, subcompressa, fibris nudis, internâ facie rimis inæqualibus elongatis notatâ, externâ vero osculis crebris, ordinatis ornatâ : puncta osculiformia minora inter oscula.

Spongia juniperina. Lk.

Spongia atlantica. Duchass.

Sp. sessilis, rigida, nuda, complanata, flabellata, utroque latere lamellis numerosis approximatis prominulis, scabrisque muricato. Pori irregulares in linearum interstitiis.

Spongia crassiloba. Lk.

Spongia sinuosa. Pallas. — Lam. x. *Pol. fl.*

Genus ALCYONIUM.

Alcyonium vesparium. Lk.

Se trouve à l'Ilet à Fajou.

Alcyonium cuspidiferum. Lk.

Alcyonum compactum. Lk.

Genus VIOA. Nardo.

Nous avons trouvé des Vioa dans plusieurs genres de coquilles : ainsi les coquilles des Strombes, des Murex, des Solens , etc., nous en ont montré. Nous croyons qu'il y a un grand nombre d'espèces de Vioa : nous avons cru devoir distinguer les deux suivantes.

Vioa Duvernoysii. Duchass.

V. dendritica, cylindracea, dichotoma, divaricata, utriculis et tubulis composita : utriculis rotundatis vel ellipticis, inter se tubulis exiguis junctis; tubulis terminalibus acutis, sæpe furcatis.

Dans cette espèce les vésicules sont bien moins grandes que dans les Vioa michelini et Vioa nardina. Les oscules sont ronds et se trouvent des deux côtés de la coquille.

Vioa dissociata. Duchass.

V. utriculis et tubulis composita; utriculis subrotundis, dense confertis sæpe non inter se connexis; tubulis parvis, utriculis parte internâ 1 vel 2 punctis notatis, parte exteriori foraminatis.

De même que M. Nardo, nous regardons les Vioa comme des Spongiaires, car bien que nous n'ayons pas vu de spicules, nous avons trouvé un réseau de filaments qui nous a très-bien rappelé les éponges.

LES CORALLINAIRES.

Genus NESEA. Lam. x.

Les Nésées, qui sont très-abondamment répandues dans la mer des Antilles, se propagent de deux manières bien distinctes : par des sporules et par des propagules.

En effet les racines touffues des Nésées émettent de longs propagules, qui viennent sortir à la surface du sable à une distance quelquefois de 10 à 12 pouces de la tige mère. Ces propagules se renflent à leur extrémité en un bourgeon écailleux, qui émet bientôt à sa partie supérieure un certain nombre de rameaux simples d'abord, mais ne tardant pas à se dichotomiser, les écailles des bourgeons tombent de bonne heure. Les individus ainsi produits émettent à leur tour de semblables propagules, en sorte que toutes les Nésées que l'on observe dans un lieu dépendent souvent les unes des autres.

La tige des Nésées est formée intérieurement par des vaisseaux creux, souvent anastomosés et remplis de granules verts, les rameaux sont également creux et remplis de pareils granules. L'encroûtement des Nésées offre des cellules, tantôt ouvertes et tantôt fermées, elles sont très-nombreuses, ce sont sans doute les capsules ovifères.

Nesea phoenix. Lam. x. *Pol. fl. — Sol. Ellis,* t. 25, f. 2-3. — *Penicellus phœnix.* Lk. — Lam. x. *Exp. meth.,* t. 25, 2-3.

Nesea penicellus. Lam. x. — *Sol. Ellis,* t. 25, f. 4. — *Penicellus capitatus.* Lk.

Var. A. caule crassiore. Nesea pyramidalis Lamx, *Sol. Ellis.* t. 25, f. 5-6. Lamx, *Exp. méth.,* t. 25, f. 5-6.

Nous pensons que le Nesea pyramidalis doit à peine être regardé comme une variété.

Genus CEPHALOTRIX. Duchass.

Caulis simplex, annulatus, non interne fibrosus, ramis terminalibus tenuibus, capitatis, dichotomis, non articulatis.

Cephalotrix cephalotes. Duchass. — *Sol. Ellis,* t. 25; f. 1. — Lam. x. *Exp. meth.,* t. 25, f. 1.

C. stirpibus gracilibus, elongatis, annulatis; capitibus globosis, ramis dichotomis, tenuissimis elongatis, densissime confertis.

Le Cephalotrix cephalotes était confondu par Lamouroux avec l'espèce représentée dans la table 7 de Solander et d'Ellis; cette dernière appartient aussi au genre Cephalotrix et pourra prendre le nom de Cephalotrix annulata.

Cephalotrix minor. Duchass.

C. stirpibus gracilibus, annulatis, approximatis, capitibus ovoideis, ramis dichotomis, tenuissimis, brevibus, minus numerosis.

Cephalotrix umbraculum. Duchass.

C. caule tenui, annulato, elongato, capitibus pendulis, complanatis, umbraculiformibus, ramis capillaceis, longis, dichotomis, numerosis.

Genus UDOTEA. Lam. x. — *Pol. fl.*

Udotea flabelliformis. Lam. x. *Pol. fl.*, t. 12. — *Sol. Ellis*, t. 24, f. C. — *Flabellaria pavonina.* Lk. Var A.

Udotea conglutinata. Lam. x. — *Sol. Ellis*, t. 25, f. 7. — *Flabellaria conglutinata.* Lk.

Genus HALYMEDA.

Halymeda monile. Lam. x. *Pol. fl.* — *Sol. Ellis*, t. 20, f. C.

Halymeda irregularis. Lam. x. — *Pol. fl.*, tab. 11, f. 7. Var. A. — *Halymeda tridens.* Lam. x. *Pol. fl.* — *Sol. Ellis*, t. 20, f. A.

Halymeda tuna. Lam. x. — *Pol. fl.*, tab. 11, f. 8. A. B. — Marsilli, t. 7, f. 31. — *Sol. Ellis*, t. 20. f. C.

Halymeda opuntia. Lam. x. *Pol. fl.* — *Sol. Ellis*, t. 20 f. 6. — *Ellis coral.*, t. 25, f. 6.

Genus GALAXAURA. Lam. x.

Chez les Galaxaures, la partie intérieure des tiges est composée de vaisseaux, ceux d'une articulation s'anastomosant avec ceux de l'autre; la portion corticale, au contraire, est formée de cellules. C'est dans ces cellules que se forment les sporules; la cellule se dilate et prend une forme ovoïde, dans son intérieur s'est formé un corps ovoïde rougeâtre qui est le corpuscule reproducteur dont nous n'avons pu observer les changements ultérieurs.

L'anatomie des Halymèdes est à peu près la même : au centre, ce sont des vaisseaux nombreux anastomosés de toutes les manières ; à la périphérie, ce sont des cellules. Les Galaxaures ne sont jamais creuses à l'état frais, l'opinion de Lamouroux à cet égard était erronée ; ce que présentent certaines espèces, à savoir une cavité intérieure, ne dépend que du desséchement.

GALAXAURA RUGOSA. Lam. x. — *Sol. Ellis*, t. 22, f. 3. — *Dichotomaria rugosa*. Lk.

Var. A. annulis ramorum pilosis.

GALAXAURA OBLONGA. Lam. x. — *Sol. Ellis*, t. 22, f. 1. — *Dichotomaria oblonga*.

GALAXAURA CUNEIFORMIS. Duchass.

G. dichotoma, articulata, articulis distinctis complanatis, cuneiformibus. An varietas G. marginatæ?

GALAXAURA MARGINATA. Lam. x. — *Sol. Ellis*, t. 22, f. 6.

GALAXAURA OBTUSATA. Lam. x. —*Sol. Ellis*, t. 22, f. 2.

GENUS AMPHIROA. Lam. x.

— AMPHIROA FRAGILISSIMA. Lam. x. — *Sol. Ellis*, t. 22, f. D. — Lam. x. *Exp. meth.*, t. 21, f. D. — Sloane. *Jam. hist.*

AMPHIROA TRIBULUS. Lam. x. —*Sol. Ellis*, t. 21, f. C.

AMPHIROA CUSPIDATA. Lam. x. — *Sol. Ellis*, t. 21, f. F.

AMPHIROA LONGA. Duchass.

A. dichotoma, gracilis, fragilis, ramis supra dichotomias articulatis.

AMPHIROA LAURENTII. Duchass.

A. dichotoma, aliquoties 3-4-chotoma, ramis longis crassissimis, validis, teretibus, apice bilobis.

C'est la plus grande des espèces, ses rameaux très-forts et très-épais la distinguent de l'A. tribulus. Nous l'avons dédiée à M. Laurent, connu par ses travaux sur l'Hydre et les Éponges.

Amphiroa abbreviata. Duchass.

A. brevis, dichotoma, articulis crassis, brevibus : ramis supra dichotomias articulatis.

Amphiroa desmoulini. Duchass.

A. ramis cylindraceis, lævibus, ultimis dichotomis, apice obtusis, aliis 3-4-chotomis, cylindraceis, rigidis, fragilissimis.

Les rameaux sont assez grêles. Dédié à M. C. Desmoulins, auteur de l'Histoire des Échinites.

Genus JANIA.

Jania lesuerii. Duchass.

J. dichotoma, ramis cylindraceis, capillaceis, gracilibus, bene elongatis, lævibus, multi-articulatis, articulis cylindraceis, numerosis, nonabbreviatis.

Chaque dichotomie de cette Jania est plusieurs fois articulée.

Jania cæspitosa. Duchass.

J. humilis, parva, ramis capillaceis, parce dichotomis intra dichotomias uni-articulatis : articulis cylindraceis gracilibus.

Jania continua. Duchass.

J. parva, humilis, capillacea, articulis cylindraceis mediocribus, intra dichotomias non articulatis.

Genus NEOMERIS.

Lamouroux qui le premier fit connaître le genre Néoméris le classa parmi les Tubulariées ; puis M. de Blainville en fit une Coralline, sans trop expliquer pourquoi il le classait ainsi. Quant à nous qui avons étudié le corps à l'état frais, nous avons vu que les Néoméris offraient des écailles dans leur partie inférieure, des vésicules dans leur partie moyenne, et des cellules dans leur portion supérieure. Les cellules sont pareilles à celles de la tige des Nésées ; quant aux vésicules il faut les considérer comme des ovaires, car tantôt elles sont toutes fermées, tantôt toutes sont largement ouvertes par une fente transversale ; ajoutons à cela qu'à la partie supérieure de la tige l'on trouve des filaments dichotomes courts et fins, qui tombent par le desséchement; mais à l'état frais nous les avons toujours trouvés. Ces rameaux rappellent tout à fait ceux des Nésées.

Neomeris dumetosa. Lam. x. — *Pol. fl.*, t. 7, f. 8. A. B.

Genus NULLIPORA Lk.

Nullipora calcarea. Lk. — *Sol. Ellis*, t. 23, f. 13. — *Seba*, t. 108, f. 7-8.

Nullipora byssoides. Lk. — *Seba*, th. 3, t. 116, f. 7.

Nullipora lichenoides. Duchass. — *Sol. Ellis*, t. 23, f. 10-12. — Lam. x. *Exp. meth.*, t. 23, f. 10-12.
Espèce très-distincte du Byssoïdes.

Nullipora tuberosa. Michelin. — *Loc. cit.*, tab. 15, f. 14.
N. incrustans, crassa, tuberosa, superficie lobis crassis irregularibus munita.
M. Michelin l'indique comme étant fossile en Italie.

Nullipora erecta. Duchass.
N. in laminibus erectis, crassisque digesta, lamina parum in latitudine extensa.
Les lames sont plus hautes que larges.

Genus MELOBESIA. Lam. x.

Les Mélobésies ne sont que des Nullipores très-minces : du reste ces deux genres ont la même organisation. En examinant les Mélobésies et les Nullipores, nous avons vu qu'elles étaient formées de cellules à parois très-épaisses; la cavité de ces cellules est très-peu considérable. Les loges ovariennes sont d'ordinaire très-bien développées chez les Mélobésies.

Melobesia pustulata. Lam. x. — *Pol. fl.*, t. 12, f. 2. — Id. *Exp. meth.*, t. 73, f. 17-18.

MELOBESIA FARINOSA. Lam. x. *Pol. fl.*, t. 12, f. 3.

MELOBESIA MAMILLARIS. Duchass.

M. incrustans, in lamina lata, expansa, diverse lobata, rosea. Ovariis vix prominulis mamilliformibus.

MELOBESIA EXASPERATA. Duchass.

M. incrustans, in laminam extensa, ovariis longis, crassis, acuminatis, superficiem laminæ exasperantibus.

EXPLICATION DES PLANCHES.

Fig. 1. — Polypes des Méandrines. On voit que l'une des bouches a pour elle seule une couronne de tentacules, tandis qu'il n'en existe qu'une pour trois autres bouches.

    a les bouches; *b* les tentacules; *c* les cirrhes préhenseurs.

Fig. 2. — Anatomie des Ophiures.

    a est la bouche et les lèvres; *bb'* sont les deux cercles circulatoires qui entourent cette bouche et donnent une foule de rameaux qui vont s'anastomoser dans un cercle marginal *d*; *c* représente les ovaires.

Fig. 3. — Polype du *Madrepora palmata*

Fig. 4. — Polype du *Porites clavaria*.

Fig. 5. — Polype de la Gorgone éventail.

Fig. 6. — Développement des Nésées. *a* est la Nésée qui donne un propagule; *b* ce propagule se renfle en un bourgeon écailleux *c*.

Fig. 7. — Ce même bourgeon écailleux grossi : les écailles ne sont pas encore tombées et les rameaux de la tige ou chevelure commencent à paraître, mais ils sont simples.

Fig. 8. — *Oribasia stagnalis* grossi.

Fig. 9. — Deux polypes très-grossis de l'*Oribasia stagnalis*.

Fig. 10. — *Zelleria simplex* grossi.

Fig. 11. — *Zoanthus tuberculosus* de grandeur naturelle.

Spongia isidis.

PARIS. TYPOGRAPHIE PLON FRÈRES, RUE DE VAUGIRARD, 36.